essentials

essentials liefern aktuelles Wissen in konzentrierter Form. Die Essenz dessen, worauf es als „State-of-the-Art" in der gegenwärtigen Fachdiskussion oder in der Praxis ankommt. *essentials* informieren schnell, unkompliziert und verständlich

- als Einführung in ein aktuelles Thema aus Ihrem Fachgebiet
- als Einstieg in ein für Sie noch unbekanntes Themenfeld
- als Einblick, um zum Thema mitreden zu können

Die Bücher in elektronischer und gedruckter Form bringen das Fachwissen von Springerautorinnen kompakt zur Darstellung. Sie sind besonders für die Nutzung als eBook auf Tablet-PCs, eBook-Readern und Smartphones geeignet. essentials sind Wissensbausteine aus den Wirtschafts-, Sozial- und Geisteswissenschaften, aus Technik und Naturwissenschaften sowie aus Medizin, Psychologie und Gesundheitsberufen. Von renommierten Autorinnen aller Springer-Verlagsmarken.

Guido Walz

Das RSA-Verfahren: Verschlüsseln und Entschlüsseln auf Basis der Algebra

Klartext für Nichtmathematiker

Guido Walz
Mannheim, Deutschland

ISSN 2197-6708 ISSN 2197-6716 (electronic)
essentials
ISBN 978-3-662-67362-1 ISBN 978-3-662-67363-8 (eBook)
https://doi.org/10.1007/978-3-662-67363-8

Die Deutsche Nationalbibliothek verzeichnet diese Publikation in der Deutschen Nationalbibliografie; detaillierte bibliografische Daten sind im Internet über http://dnb.d-nb.de abrufbar.

Planung/Lektorat: Iris Ruhmann
Springer Spektrum ist ein Imprint der eingetragenen Gesellschaft Springer-Verlag GmbH, DE und ist ein Teil von Springer Nature.
Die Anschrift der Gesellschaft ist: Heidelberger Platz 3, 14197 Berlin, Germany

Was Sie in diesem *essential* finden können

- Für das Verständnis der Kryptographie notwendige Grundlagen der Algebra
- Den euklidischen Algorithmus, eine iterative Form des „Teilens mit Rest"
- Eine verständliche Darstellung des RSA-Verfahrens, die derzeit wichtigste Verschlüsselungsmethode

Einleitung

Das RSA-Verfahren (und seine zahlreichen Derivate) ist derzeit eines der wichtigsten Verschlüsselungsverfahren überhaupt, es findet Anwendung beispielsweise bei der Verschlüsselung von Festplatteninhalten, aber natürlich auch bei der Übermittlung sensibler Daten im Internet. Entwickelt wurde es bereits in den 1970er Jahren von Ron **R**ivest, Adi **S**hamir und Len **A**dleman, deren Nachnamen dem Verfahren auch den Namen gaben.

Es gibt natürlich zahlreiche Darstellungen in Büchern oder dem Internet, aber leider bleiben die meisten entweder stark an der Oberfläche oder aber verlieren sich in tiefgründigen zahlentheoretischen Schilderungen.

Im vorliegenden Büchlein wird versucht, einen goldenen Mittelweg zu gehen, indem einerseits das Verfahren präzise und nachvollziehbar dargestellt wird, andererseits aber die notwendigen algebraischen und zahlentheoretischen Grundlagen nicht vollständig durchbewiesen, sondern durch Beispiele verständlich gemacht werden. Schließlich wendet sich der Text laut Untertitel ausdrücklich (auch) an Nichtmathematiker (und ebenso natürlich Nichtmathematikerinnen).

Und nun geht's endlich los. Ich wünsche Ihnen viel Spaß (das meine ich ernst!) beim Lesen der folgenden Seiten.

Inhaltsverzeichnis

Algebraische Grundlagen

1

In diesem ersten Kapitel werden die für das Verständnis des RSA-Verfahrens notwendigen algebraischen Strukturen und Aussagen vorgestellt. Die Gefahr ist bei diesem Thema immer, dass das Ganze für Leser, die an den Anwendungen interessiert sind, sehr trocken und unanschaulich daherkommt. Ich habe mich sehr bemüht, dieses zu vermeiden, und ich denke, ich war erfolgreich; am Ende das Kapitels müssen Sie dann beurteilen, ob Sie das ebenso sehen.

1.1 Gruppen, Ringe und Körper

Auch wenn Sie beim Lesen dieser Überschrift vielleicht dachten, Sie seien versehentlich in einem Seminar zur Soziologie oder Biologie gelandet: Es geht hier um die Grundlagen der Algebra. Gruppen, Ringe und Körper (und noch einige weitere schöne Dinge) sind wichtige algebraische Strukturen.

Ich werde diese Begriffe gleich definieren und erklären, aber vorbereitend möchte ich Folgendes bemerken: In diesen Definitionen geht es oft um so genannte „Verknüpfungen", die ich meist mit dem Symbol $\circ$ bezeichnen werden. Um ein erstes konkretes Bild vor Auge zu haben sollten Sie sich unter einer solchen Verknüpfung beispielsweise die Addition oder Multiplikation zweier Zahlen vorstellen; damit liegen Sie auch im weiteren Verlauf gar nicht so falsch.

Definition 1.1
Eine Menge G heißt **Gruppe**, wenn auf ihr eine Verknüpfung $\circ$ mit folgenden Eigenschaften definiert ist:

G. Walz, *Das RSA-Verfahren: Verschlüsseln und Entschlüsseln auf Basis der Algebra*, essentials, https://doi.org/10.1007/978-3-662-67363-8_1

G1: Für alle $x, y \in G$ liegt auch das Ergebnis der Verknüpfung, also $x \circ y$, wieder in G. Diese Eigenschaft nennt man **Abgeschlossenheit.**

G2: Für alle $x, y, z \in G$ gilt: $x \circ (y \circ z) = (x \circ y) \circ z$. Diese Eigenschaft nennt man **Assoziativität.**

G3: Es gibt ein Element $n \in G$ mit der Eigenschaft: Für alle $x \in G$ gilt $x \circ n = x$. Dieses n nennt man **neutrales Element.**

G4: Zu jedem Element $x \in G$ gibt es ein Element $x^* \in G$ mit der Eigenschaft: $x \circ x^* = n$. Dieses x^* nennt man (zu x) **inverses Element.**

Offenbar hängt die Gruppeneigenschaft engstens mit der Verknüpfung $\circ$ zusammen, deswegen schreibt man meist $(G, \circ)$ statt einfach nur G, wenn man die Gruppe bezeichnen will.

Ein paar Beispiele sollen den Begriff Gruppe illustrieren:

Beispiel 1.1

a) Die Menge $\mathbb{Z}$ der ganzen Zahlen, also

$$\mathbb{Z} = \{\ldots, -2, -1, 0, 1, 2, 3, \ldots\}$$

mit der Addition $+$ als Verknüpfung bildet eine Gruppe.
Um das zu verifizieren stelle ich zunächst einmal fest, dass die Addition ganzer Zahlen sicherlich abgeschlossen ist, denn die Summe zweier ganzer Zahlen ist wieder eine ganze Zahl. Ebenso sieht man schnell, dass die Addition assoziativ ist, denn seit Kindertagen wissen Sie schon, dass beispielsweise $3 + (4 + 5)$ dasselbe ist wie $(3 + 4) + 5$, und das ist mit beliebigen ganzen Zahlen x, y, z nicht anders.
Auch das neutrale Element der Addition ist schnell gefunden, es ist die 0, denn für jede ganze Zahl x gilt: $x + 0 = x$. Und da ebenso sicherlich für jede ganze Zahl x gilt: $x + (-x) = 0$, ist $-x$ das inverse Element zur beliebig gewählten Zahl x. Und damit liegen alle geforderten Eigenschaften vor.

b) Wie sieht es aus, wenn ich die Verknüpfung $+$ beibehalte, aber die Menge $\mathbb{Z}$ durch die Menge $\mathbb{N}_0$ der natürlichen Zahlen inklusive der Null ersetze, also $(\mathbb{N}_0, +)$ untersuche? Nun, Abgeschlossenheit ist hier sicherlich gegeben, denn die Summe zweier natürlicher Zahlen ist wieder eine solche. Weiterhin liegt hier Assoziativität vor, mit derselben Begründung wie in Teil a). Und auch das neutrale Element der Addition, die Null, haben wir explizit in die Menge ~~hineingemogelt~~ aufgenommen, sodass auch die dritte Eigenschaft G3 gegeben ist.

Leider liegt aber G4 nicht vor, denn die Menge $\mathbb{N}_0$ enthält keine negativen Zahlen, und die bräuchten wir als inverse Elemente der Addition. $(\mathbb{N}_0, +)$ ist also keine Gruppe.

c) Nun noch etwas ziemlich Abgefahrenes, auf das wohl nur Mathematiker kommen: Ich betrachte die zweielementige Menge $M = \{1, 2\}$ und definiere darauf eine Verknüpfung $\circ$ durch explizite Angabe der Verknüpfungsergebnisse: Es sei

$$1 \circ 1 = 1, \quad 1 \circ 2 = 2, \quad 2 \circ 1 = 2 \text{ und } 2 \circ 2 = 1.$$

Ich behaupte, dass $(M, \circ)$ eine Gruppe ist. Dazu muss ich die vier geforderten Eigenschaften überprüfen: Abgeschlossenheit ist sicherlich gegeben, denn das Ergebnis aller vier möglichen Verknüpfungen liegt wieder in M. Die Gültigkeit des Assoziativgesetzes nachzuweisen ist etwas länglich. Ich zeige Ihnen ein Beispiel. Es ist

$$1 \circ (2 \circ 2) = 1 \circ 1 = 1, \tag{1.1}$$

denn sowohl $2 \circ 2 = 1$ als auch $1 \circ 1 = 1$ gemäß Definition. Die andere Klammerung liefert

$$(1 \circ 2) \circ 2 = 2 \circ 2 = 1,$$

also dasselbe Resultat wie in (1.1). Und so müsste man das mit allen anderen möglichen Dreierverknüpfungen machen; ich bin mir fast sicher, dass Sie mir das jetzt glauben und wir uns diese langweilige Rechnerei ersparen können.

Die weiteren beiden Eigenschaften sind überraschend schnell gezeigt: Da die Verknüpfung mit 1 offenbar in keinem Fall etwas ändert, ist diese Zahl das neutrale Element, und da, wie gerade schon mal benutzt, $2 \circ 2 = 1$ und $1 \circ 1 = 1$ gelten, hat jedes der beiden Elemente 1 und 2 ein inverses, nämlich sich selbst. Somit ist $(M, \circ)$ eine Gruppe. ■

Es tut mir fast schon leid, aber ich muss Sie noch mit zwei weiteren Definitionen im Kontext „Gruppe“ ~~nerven~~ konfrontieren:

Definition 1.2

Eine Gruppe $(G, \circ)$ heißt **abelsche Gruppe,** wenn die Verknüpfung $\circ$ kommutativ ist, wenn also für alle Gruppenelemente x und y gilt:

$$x \circ y = y \circ x.$$

Benannt ist diese Art von Gruppen nach Niels Henrik Abel, einem norwegischen Mathematiker, der von 1802 bis 1829 lebte.

Neue Beispiele hierzu brauche ich Ihnen hier nicht zu zeigen, denn alle in Beispiel 1.1 betrachteten Gruppen sind abelsch. Gehen wir also direkt zur zweiten angesprochenen Definition:

Definition 1.3
Eine Menge H heißt **Halbgruppe,** wenn auf ihr eine Verknüpfung $\circ$ definiert ist, so dass die Eigenschaften G1 und G2 aus Definition 1.1 gegeben sind.

So eine Halbgruppe ist also ein ziemlich armseliges Konstrukt, es genügt, dass das Verknüpfungsergebnis zweier Elemente wieder in der Menge liegt, und dass die Verknüpfung assoziativ ist.

Beispiel 1.2
Natürlich sind alle bisher betrachteten Gruppen auch Halbgruppen, das ist ja eine schwächere Eigenschaft. Aber auch die in Beispiel 1.1 b) durchgefallene Struktur $(\mathbb{N}_0, +)$ ist eine Halbgruppe, denn die einzige nicht vorhandene Gruppeneigenschaft ist die Existenz eines inversen Elements, und die wird bei Halbgruppen nicht gefordert. ■

Kommen wir nun zur Definition des nächsten in der Überschrift genannten Begriffs:

Definition 1.4
Eine Menge R heißt **Ring,** wenn auf ihr zwei Verknüpfungen $\circ$ und $*$ definiert sind, so dass folgendes gilt:

R1: $(R, \circ)$ ist eine abelsche Gruppe.
R2: $(R, *)$ ist eine Halbgruppe.
R3: Für alle $x, y, z \in R$ gilt

$$x * (y \circ z) = x * y \circ x * z \tag{1.2}$$

und

$$(x \circ y) * z = x * z \circ y * z. \qquad (1.3)$$

Diese Eigenschaft nennt man **Distributivität**.
Einen solchen Ring notiert man dann in der Form $(R, \circ, *)$

Ich sehe förmlich die Fragezeichen hinter Ihren Augen. Und die sind auch völlig verständlich, deshalb gleich drei Beispiele.

Beispiel 1.3

a) Das vielleicht wichtigste Beispiel eines Rings ist $(\mathbb{Z}, +, \cdot)$, also die Menge der ganzen Zahlen mit der üblichen Addition und Multiplikation. Die nötigen Begründungen hatten wir im Wesentlichen oben schon gegeben: Zum einen ist $(\mathbb{Z}, +)$ eine abelsche Gruppe, zum anderen ist $(\mathbb{Z}, \cdot)$ sicherlich eine Halbgruppe, denn die Multiplikation ganzer Zahlen ist sowohl abgeschlossen als auch assoziativ. Und dass in der Menge der ganzen Zahlen die Distributivgesetze gelten, haben Sie vermutlich schon in der Grundschule gelernt. Damals hieß das noch „Ausklammern", ist aber dasselbe.
b) Ein zweites Beispiel ist $(\mathbb{G}, +, \cdot)$, wobei $\mathbb{G}$ hier die Menge der geraden Zahlen bezeichnen soll. Den Nachweis dafür, dass $(\mathbb{G}, +, \cdot)$ ein Ring ist, führt man ganz genauso wie bei den ganzen Zahlen in Teil a), wobei man zusätzlich benutzt, dass Summe und Produkt, aber auch das Negative von geraden Zahlen wieder eine gerade Zahl ist, und dass die Null, das neutrale Element der Addition, ebenfalls eine gerade Zahl ist.
c) Ringe kann man nicht nur aus Zahlenmengen basteln, sondern beispielsweise auch aus Mengen von Funktionen, wie etwa den Polynomen. Ein **Polynom** ist ein Ausdruck der Form

$$P(x) = a_n x^n + a_{n-1} x^{n-1} + \cdots + a_1 x + a_0,$$

wobei der Grad n, bezeichnet mit $\text{grad}(P)$, eine natürliche Zahl oder null sein soll, und die sogenannten Koeffizienten a_i einer vorgegebenen Menge entstammen. Hier und im Folgenden soll dies die Menge $\mathbb{R}$ der reellen Zahlen sein, wir sprechen dann genauer von **reellen Polynomen** und bezeichnen deren Menge mit $\mathbb{R}[x]$.

Es stellt sich heraus, dass diese Menge sogar ein Ring ist, wenn man zwei Verküpfungen $\circ$ und $*$ geeignet definiert. Und das geschieht recht naheliegend, man setzt als Summe $P \circ Q$ zweier Polynome

$$P(x) = a_n x^n + a_{n-1} x^{n-1} + \cdots + a_1 x + a_0$$

und

$$Q(x) = b_m x^m + b_{m-1} x^{m-1} + \cdots + b_1 x + b_0$$

das Polynom

$$(P \circ Q)(x) = (a_n + b_n) x^n + (a_{n-1} + b_{n-1}) x^{n-1} + \cdots + (a_1 + b_1) x + (a_0 + b_0)$$

(wobei man ggf. mit führenden Nullkoeffizienten auffüllt, falls die Grade der beiden Polynome unterschiedlich sind), und als ihr Produkt

$$(P * Q)(x) = c_{n+m} x^{n+m} + c_{n+m-1} x^{n+m-1} + \cdots + c_1 x + c_0$$

mit

$$c_i = a_0 b_i + a_1 b_{i-1} + \cdots + a_{i-1} b_1 + a_i b_0,$$

wobei vereinbart wird, dass alle a_j mit $j > n$ und alle b_j mit $j > m$ gleich null gesetzt werden. (Falls Ihnen diese Multiplikationsmethode suspekt vorkommt: Sie können die beiden Polynome auch ganz normal summandenweise multiplizieren und anschließend nach x-Potenzen sortieren, das Ergebnis ist dasselbe. Ich möchte hier nicht weiter darauf eingehen, da es nicht der zentrale Aspekt dieses Textes ist.)

Man kann leicht nachprüfen, dass die Struktur $(\mathbb{R}[x], \circ, *)$ dann einen Ring darstellt, den man konsequenterweise als **Polynomring** bezeichnet. Das liegt daran, dass man mit Polynomen „ganz normal“ rechnen kann, auch wenn die obigen Definitionen vielleicht etwas abschreckend wirken. Beispielsweise ist das neutrale Element der Addition das konstante Polynom $P(x) = 0$, und dasjenige der Multiplikation das Polynom $\tilde{P}(x) = 1$.

Legen Sie dieses Beispiel nicht allzuweit weg, ich werde darauf im Zusammenhang mit dem euklidischen Algorithmus nochmal kurz zurückkommen. ■

Im weiteren Verlauf werden Sie noch eine andere wichtige Art von Ringen kennenlernen, die Restklassenringe. Hier geht es jetzt erst mal weiter mit der Behandlung des dritten im Titel genannten Begriffs, dem des Körpers:

Definition 1.5
Eine Menge K heißt **Körper,** wenn auf ihr zwei Verknüpfungen $\circ$ und $*$ definiert sind so dass folgendes gilt:

K1: $(K, \circ)$ ist eine abelsche Gruppe (mit dem neutralen Element n)
K2: $(K \setminus \{n\}, *)$ ist eine abelsche Gruppe.
K3: Für alle $x, y, z \in K$ gelten die in Definition 1.4 angegebenen Distributivgesetze.

Einen solchen Körper notiert man dann in der Form $(K, \circ, *)$

Wie Sie sehen ist ein Körper nicht allzu verschieden von einem Ring, lediglich die Eigenschaft K2 ist schärfer als die Ringeigenschaft R2.

Da beide Verknüpfungen $\circ$ und $*$ nun kommutativ sein müssen, genügt es, zum Nachweis der Distributivität eine der beiden Eigenschaften (1.2) oder (1.3) nachzuweisen. (Mathematiker können sehr effiziente Menschen sein!)

Beispiel 1.4

a) Das Standardbeispiel und gleichzeitig Motivation für die Einführung des Körperbegriffs ist sicherlich $(\mathbb{R}, +, \cdot)$, der Körper der reellen Zahlen mit der üblichen Addition und Multiplikation. Neutrales Element der Addition ist die Null, neutrales Element der Multiplikation die Eins.
b) Nun will ich noch die in Beispiel 1.1 c) behandelte zweielementige Gruppe $(\{1, 2\}, \circ)$ (bei der – zur Erinnerung – 1 das neutrale Element war) zu einem Körper aufpimpen. Hierfür muss ich noch eine zweite Verknüpfung $*$ definieren, so dass $(\{1, 2\} \setminus \{1\}, *)$ eine abelsche Gruppe ist. Diese Definition mache ich wie oben wieder zu Fuß: Es sei

$$1 * 1 = 1, \quad 1 * 2 = 1, \quad 2 * 1 = 1 \text{ und } 2 * 2 = 2.$$

Ich weiß, dass Sie die ganze Zeit schon denken: „Wann merkt er es denn endlich?"
Nun, er hat es gemerkt: $\{1, 2\} \setminus \{1\}$ ist nichts anderes als die einelementige Menge $\{2\}$, wir müssen also nur prüfen, ob $(\{2\}, *)$ eine abelsche Gruppe ist.
Das ist aber sicherlich richtig (wenn auch ungewohnt), denn $2 * 2 = 2$, 2 ist also neutrales Element dieser Verknüpfung und gleichzeitig sein eigenes inverses.
Gemäß der Bemerkung im Anschluss an Definition 1.5 genügt es zum Beweis der Distributivität, eine der beiden Eigenschaften (1.2) oder (1.3) nachzuweisen; ich

entscheide mich spontan für (1.2), muss also nachweisen, dass für alle $x, y, z \in M$ gilt:

$$x * (y \circ z) = x * y \circ x * z \tag{1.4}$$

Es wurde schon darauf hingewiesen, dass 2 das neutrale Element der Operation $*$ ist. Daher gilt für alle $y, z \in M$:

$$2 * (y \circ z) = y \circ z \quad \text{und} \quad 2 * y \circ 2 * z = y \circ z.$$

Gl. (1.4) gilt also für $x = 2$, unabhängig von y und z.
Ist aber $x = 1$, so folgt aus der Definition der Operation $*$ sofort, dass

$$1 * (y \circ z) = 1 \quad \text{und} \quad 1 * y \circ 1 * z = 1 \circ 1 = 1$$

ist (denn $1*$irgendetwas ergibt immer 1). Also gilt Gl. (1.4) auch für $x = 1$, unabhängig von y und z. Somit sind die Distributivgesetze erfüllt.

c) Zum guten(?) Schluss noch ein negatives Beispiel: Der in Beispiel 1.3 vorgestellte Polynomring $\mathbb{R}(x)$ ist **kein** Körper. Denn hierfür müsste es zu jedem Polynom $P(x)$ ein inverses bezüglich der Multiplikation $*$ geben, also ein Polynom, nennen wir es $P^{-1}(x)$, so dass

$$P(x) * P^{-1}(x) = 1$$

ist; und das ist leider bis heute nicht erfunden. ■

Mathematiker können durchaus Humor haben (allerdings gehen Sie dann meist zum Lachen in den Keller), und deshalb nennt man einen Körper, der etwas in Schieflage geraten ist, weil die Operation $*$ nicht mehr kommutativ ist, einen Schiefkörper. Die ~~langweilige~~ exakte Definition lautet so:

Definition 1.6
Eine Menge K heißt **Schiefkörper,** wenn auf ihr zwei Verknüpfungen $\circ$ und $*$ definiert sind so dass Folgendes gilt:

K1: $(K, \circ)$ ist eine abelsche Gruppe (mit dem neutralen Element n)
K2': $(K \setminus \{0\}, *)$ ist eine Gruppe.
K3: Für alle $x, y, z \in K$ gelten die in Definition 1.4 definierten Distributivgesetze.

Hier ist also gegenüber der Definition eines Körpers nur das Wort „abelsch“ in der Forderung K2 verschwunden.

Mit Schiefkörpern werde ich mich im weiteren Verlauf des Textes nicht mehr befassen, ich habe den Begriff hier nur deswegen definiert, weil ich den Namen so schön finde.

1.2 Der euklidische Algorithmus

Der euklidische Algorithmus ist ein Verfahren zur Bestimmung des größten gemeinsamen Teilers zweier natürlicher Zahlen a und b, bezeichnet mit $\mathrm{ggT}(a, b)$. Dies ist die größte natürliche Zahl, die sowohl a als auch b teilt. Beispielsweise ist $\mathrm{ggT}(12, 15) = 3$, denn 3 ist sowohl Teiler von 12 als auch von 15, und es gibt keine größere Zahl mit dieser Eigenschaft.

Benannt ist der Algorithmus nach dem griechischen Mathematiker Euklid von Alexandria. Seine Lebensdaten sind nicht genau bekannt, vermutlich hat er um 300 vor Christus gelebt.

Der euklidische Algorithmus beruht letztendlich auf folgender Aussage, die Sie in gewissem Sinne schon in der frühen Schulzeit kennengelernt haben. Dort nannte man das „Teilen mit Rest“:

Satz 1.1
Für beliebige natürliche Zahlen a und b mit $a \geq b$ gibt es eindeutig bestimmte Zahlen q und r, so dass die Darstellung

$$a = qb + r \quad \text{mit } r < b$$

gilt. Dabei ist q eine natürliche Zahl und r eine natürliche Zahl oder null.

Mit anderen Worten: b „passt“ q-mal in a hinein, und es bleibt ein Rest r, der auch gleich null sein kann.

Beispiel 1.5

a) Für $a = 55$ und $b = 17$ ist
$$55 = 3 \cdot 17 + 4,$$
also $q = 3$ und $r = 4$.

b) Für $a = 918.720$ und $b = 8191$ ist
$$918.720 = 112 \cdot 8191 + 1328,$$
also $q = 112$ und $r = 1328$.

Rechnen Sie beides gerne nach. ■

Der euklidische Algorithmus beruht nun darauf, dass die Division mit Rest gemäß Satz 1.1 iterativ angewendet wird und so eine Folge von immer kleiner werdenden Resten erzeugt wird, bis der Rest null auftritt. Da es sich bei diesen Resten um eine streng monoton fallende Folge von natürlichen Zahlen handelt, ist das nach endlich vielen Schritten der Fall. Ich schreibe das mal algorithmisch auf:

Der euklidische Algorithmus zur Bestimmung des ggT zweier Zahlen
Gegeben sind zwei natürliche Zahlen a und b mit $a \geq b$.

- Ist $a = b$, so ist $\text{ggT}(a, b) = a = b$, und die Anwendung des Algorithmus' ist nicht nötig.
- Ist $a > b$, setzt man $d_0 = a$ und $d_1 = b$ und bestimmt durch Division mit Rest gemäß Satz 1.1 die Zerlegung
$$d_0 = q_1 d_1 + d_2 \quad \text{mit } d_2 < d_1.$$
- Ist $d_2 \neq 0$, bestimmt man die Zerlegung
$$d_1 = q_2 d_2 + d_3 \quad \text{mit } d_3 < d_2.$$
- Ist $d_3 \neq 0$, bestimmt man die Zerlegung
$$d_2 = q_3 d_3 + d_4 \quad \text{mit } d_4 < d_3.$$

- Dies führt man iterativ fort, bis erstmals der Rest null auftritt:

$$d_{n-1} = q_n d_n + 0$$

Dann ist $\text{ggT}(a, b) = d_n$.

Ich hoffe mal, Sie glauben mir, dass ich das beweisen könnte, es aber im allseitigen Interesse lieber bleiben lasse und stattdessen gleich im Anschluss Beispiele gebe.

Zuvor aber will ich ~~die Drohung~~ das Versprechen von Ende des Beispiels 1.3 nochmal aufgreifen und einen Blick auf den Polynomring $\mathbb{R}[x]$ werfen. Das Pendant zu Satz 1.1 lautet dann:

Satz 1.2
Für beliebige Polynome $A(x)$ *und* $B(x)$ *mit* $\text{grad}(A) \geq \text{grad}(B)$ *gibt es Polynome* $Q(x)$ *und* $R(x)$ *mit* $\text{grad}(R) < \text{grad}(B)$, *so dass die Darstellung*

$$A(x) = Q(x)B(x) + R(x)$$

gilt.

Beispiel 1.6
Ich setze – völlig willkürlich –

$$A(x) = 2x^5 + 3x^4 - 3x^3 + x^2 + 8x + 40$$

und

$$B(x) = x^3 - x + 2,$$

sowie

$$Q(x) = 2x^2 + 3x - 1 \text{ und } R(x) = x + 42.$$

Dann gilt

$$A(x) = Q(x)B(x) + R(x), \tag{1.5}$$

also die in Satz 1.2 behauptete Darstellung.

Wenn Sie nun verständlicherweise fragen, wie man darauf kommt, so habe ich gleich zwei Antworten für Sie:

1. Die ehrliche Antwort: Ich habe das Ganze von hinten nach vorne gerechnet, d. h., ich habe mir $Q(x)$ und $B(x)$ ausgedacht, deren Produkt berechnet, auf das Ergebnis das ebenso willkürlich ausgedachte $R(x)$ addiert und das Ergebnis $A(x)$ genannt. Das ist als Konstruktion bzw. Verifikation von (1.5) völlig in Ordnung, und so sollten Sie das auch zur Überprüfung nachrechnen.
   Allerdings ist diese Vorgehensweise zur Durchführung des euklidischen Algorithmus nicht hilfreich, deshalb gibt es:
2. Die seriöse Antwort: Man wendet Polynomdivision an, d. h., man startet mit $A(x)$ und $B(x)$ und dividiert $A(x)$ durch $B(x)$, das liefert $Q(x)$ und $R(x)$. Allerdings habe ich mit der Erwähnung des Begriffs „Polynomdivision" schon ganze Hörsäle leergefegt, daher will ich das auch hier nicht weiter ausführen und Sie mit der Bemerkung aus diesem Beispiel entlassen, dass man durch wiederholte Anwendung der Polynomdivision den kompletten euklidischen Algorithmus für Polynome durchführen kann. Aber das benötigen wir im weiteren Verlauf dieses Textes gar nicht. ■

Nun aber endlich die versprochenen Beispiele für den euklidischen Algorithmus zur Bestimmung des ggT zweier Zahlen, wie wir ihn auch im nächsten Kapitel brauchen werden:

Beispiel 1.7

a) Zu bestimmen sei ggT(182, 21), es ist also $a = 182$ und $b = 21$. Da die beiden Zahlen mit ~~an~~ Sicherheit ~~grenzender Wahrscheinlichkeit~~ nicht gleich sind müssen wir den Algorithmus starten und setzen $d_0 = 182$ sowie $d_1 = 21$. Im ersten Schritt finde ich die Zerlegung

$$182 = 8 \cdot 21 + 14,$$

es ist also $q_1 = 8$ und $d_2 = 14$. Da dies nicht null ist, geht es weiter, und es ergibt sich die zweite Zerlegung

$$21 = 1 \cdot 14 + 7,$$

also $q_2 = 1$ und $d_3 = 7$. Sind Sie noch da? Gut, es ist auch gleich vorbei. Die nächste Zerlegung ist nämlich schon

$$14 = 2 \cdot 7 + 0.$$

Das Ergebnis ist also: $\mathrm{ggT}(182, 21) = d_3 = 7$.

b) Im zweiten Beispiel fasse ich mich kürzer und gebe die einzelnen Zerlegungen humor- und kommentarlos direkt an. Zu bestimmen sei $\mathrm{ggT}(119, 19)$. Es ergibt sich der Reihe nach:

$$\begin{aligned} 119 &= 6 \cdot 19 + 5 \\ 19 &= 3 \cdot 5 + 4 \\ 5 &= 1 \cdot 4 + 1 \\ 4 &= 4 \cdot 1 + 0 \end{aligned}$$

Der ggT von 119 und 19 ist also $d_4 = 1$, die kleinstmögliche Zahl dieser Art. Man sagt dann auch, die beiden Zahlen sind **teilerfremd.**
Das hätte man übrigens auch schon daran erkennen können, dass 19 eine Primzahl und 119 sicherlich kein Vielfaches von 19 ist, aber ich wollte ja den euklidischen Algorithmus vorführen. ■

Der euklidische Algorithmus hat Jahrhunderte lang in den Untiefen der Zahlentheorie geschlummert, kein Mensch hat geglaubt, dass er zu irgendetwas praktisch Anwendbarem nutze sei. Und dann kamen hochmoderne Themen wie Kryptographie und Codierungstheorie auf, und plötzlich stand der euklidische Algorithmus im Mittelpunkt des Interesses. Sie werden das im nächsten Kapitel genauer sehen.

Und das gilt fast noch mehr für den erweiterten euklidischen Algorithmus, den ich nun angeben werde. Basis und gleichzeitig Motivation (hoffentlich!) ist die folgende fundamentale Aussage:

Satz 1.3
Für beliebige natürliche Zahlen a und b existieren stets ganze Zahlen p und s so, dass

$$\mathrm{ggT}(a, b) = pa + sb.$$

Der ggT kann also immer als ganzzahlige Linearkombination von a und b geschrieben werden.

Bevor ich dazu komme, wie man die beiden Zahlen p und s mithilfe des erweiterten euklidischen Algorithmus berechnen (und damit ganz nebenbei den Satz beweisen) kann, noch eine wichtige Folgerung:

Satz 1.4
Für beliebige teilerfremde natürliche Zahlen a und b existieren stets ganze Zahlen p und s so, dass

$$1 = pa + sb.$$

Was schlicht und ergreifend daran liegt, dass der ggT von teilerfremden Zahlen immer gleich 1 ist.

Beispiel 1.8
Nun aber zum Algorithmus. Ich greife zunächst nochmal Beispiel 1.7 auf.

a) In Teil a) wurde dort der ggT(182, 21) gesucht und durch folgende Rechnung bestimmt:

$$\begin{aligned} 182 &= 8 \cdot 21 + 14 \\ 21 &= 1 \cdot 14 + 7 \\ 14 &= 2 \cdot 7 + 0 \end{aligned}$$

Nun kann man diese Rechnung von unten nach oben lesen und jeweils nach den Resten auflösen. Die letzte Zeile kann ich dabei weglassen, denn sie liefert nur $0 = 0$. Die vorletzte (also zweite) Zeile ergibt dann aber

$$7 = 21 - 1 \cdot 14, \tag{1.6}$$

was ich so stehen lasse, denn jetzt löse ich die erste Zeile nach dem Rest 14 auf und setze in (1.6) ein; das ergibt:

$$7 = 21 - 1 \cdot 14 = 21 - 1 \cdot (182 - 8 \cdot 21) = -1 \cdot 182 + 9 \cdot 21.$$

Das ist die in Satz 1.4 angekündigte Zerlegung des ggT, der hier den Wert 7 hat; es ist also $p = -1$ und $s = 9$.

b) Nun wage ich mich (und Sie müssen da mit) an den etwas aufwendigeren Teil b) von Beispiel 1.7, fasse mich aber etwas kürzer. Es wurde ggT(119, 19) durch folgende Rechnung bestimmt:

$$
\begin{aligned}
119 &= 6 \cdot 19 + 5 \\
19 &= 3 \cdot 5 + 4 \\
5 &= 1 \cdot 4 + 1 \\
4 &= 4 \cdot 1 + 0
\end{aligned}
$$

Der ggT ist also 1. Nun kann man diese Rechnung wieder von unten nach oben lesen und jeweils nach den Resten auflösen. Die vorletzte Zeile ergibt

$$1 = 5 - 1 \cdot 4, \tag{1.7}$$

was ich wieder so stehen lasse und die drittletzte Zeile einsetze; das ergibt:

$$1 = 5 - 1 \cdot 4 = 5 - 1 \cdot (19 - 3 \cdot 5) = -1 \cdot 19 + 4 \cdot 5.$$

Hier wird nun wiederum die oberste Zeile – nach 5 aufgelöst – eingesetzt; das liefert

$$1 = -1 \cdot 19 + 4 \cdot (119 - 6 \cdot 19) = 4 \cdot 119 - 25 \cdot 19.$$

Das ist hier die Zerlegung des ggT, der den Wert 1 hat; es ist also $p = 4$ und $s = -25$. ■

So, wie ich das gerade an Beispielen gezeigt habe, können Sie immer vorgehen. Allerdings bevorzugen ~~Nerds~~ Mathematiker meist eine knallharte algorithmische Formulierung mithilfe von Rekursionsformeln u.ä., und da müssen Sie mal kurz mit durch:

Der erweiterte euklidische Algorithmus zur Bestimmung der Zerlegung $\mathbf{ggT(a, b) = pa + sb}$

Zunächst wird der (einfache) euklidische Algorithmus wie oben geschildert ausgeführt.

Mit den dort angegebenen Bezeichnungen berechnet man zwei Zahlenfolgen $\{p_k\}$ und $\{s_k\}$ wie folgt:

- Man setzt $p_0 = 1$, $p_1 = 0$, $s_0 = 0$, $s_1 = 1$.
- Für $k = 2, 3, \ldots, n$ berechnet man

$$p_k = p_{k-2} - q_{k-1} p_{k-1}$$
$$s_k = s_{k-2} - q_{k-1} s_{k-1}$$

Dann lautet die gesuchte Zerlegung: $\text{ggT}(a, b) = p_n a + s_n b$

Ich weiß, dass Sie mir nicht glauben, dass das dasselbe ist wie die in obigen Beispielen eher verbal geschilderte Vorgehensweise. Ist es aber, vielleicht kann ich Sie ja mit Beispielen überzeugen:

Beispiel 1.9

a) Ich greife Beispiel 1.8 auf, hier zunächst Teil a). Dort hatten wir folgende Rechnung durchgeführt:

$$182 = 8 \cdot 21 + 14$$
$$21 = 1 \cdot 14 + 7$$
$$14 = 2 \cdot 7 + 0$$

Es ist also $n = 3$, sowie $q_1 = 8$, $q_2 = 1$ und $q_3 = 2$.
Damit ergeben sich folgende Rechnungen:

$$p_0 = 1$$
$$p_1 = 0$$
$$p_2 = 1 - 8 \cdot 0 = 1$$
$$p_3 = 0 - 1 \cdot 1 = -1$$

sowie

$$s_0 = 0$$
$$s_1 = 1$$
$$s_2 = 0 - 8 \cdot 1 = -8$$
$$s_3 = 1 - 1 \cdot (-8) = 9$$

Es ist also $p = -1$ und $s = 9$, in Übereinstimmung mit dem Ergebnis von Beispiel 1.8 a).

b) Hier greife ich die Problemstellung in Beispiel 1.8 b) nochmals auf. In diesem Fall ist $n = 4$ und

$$q_1 = 6,\ q_2 = 3,\ q_3 = 1,\ q_4 = 4,$$

wie man in Beispiel 1.8 ablesen kann.
Damit ergeben sich folgende Rechnungen:

$$\begin{aligned} p_0 &= 1 \\ p_1 &= 0 \\ p_2 &= 1 - 6 \cdot 0 = 1 \\ p_3 &= 0 - 3 \cdot 1 = -3 \\ p_4 &= 1 - 1 \cdot (-3) = 4 \end{aligned}$$

sowie

$$\begin{aligned} s_0 &= 0 \\ s_1 &= 1 \\ s_2 &= 0 - 6 \cdot 1 = -6 \\ s_3 &= 1 - 3 \cdot (-6) = 19 \\ s_4 &= -6 - 1 \cdot 19 = -25 \end{aligned}$$

in Übereinstimmung mit dem Ergebnis von Beispiel 1.8 b). ■

1.3 Restklassenringe und Restklassenkörper

Zunächst definiere ich eine Beziehung zwischen ganzen Zahlen, die sich als sehr wichtig erweisen wird:

Definition 1.7
Gegeben ist eine feste natürliche Zahl n. Zwei ganze Zahlen a und b heißen **kongruent modulo n**, wenn sie beim Teilen durch n denselben Rest lassen. Man schreibt dann

$$a \equiv b \pmod{n} \tag{1.8}$$

Eine hierzu äquivalente Formulierung ist übrigens: ..., wenn die Differenz $(b - a)$ ohne Rest durch n teilbar ist.

Beispiel 1.10
Ich setze ziemlich willkürlich $n = 3$. Dann ist beispielsweise $4 \equiv 1 (\text{mod } 3)$, denn beide Zahlen lassen beim Teilen durch 3 den Rest 1. Ebenso gilt $67 \equiv 1 (\text{mod } 3)$.

Auch die alternative Definition lässt sich hier anwenden, denn sowohl $4 - 1 = 3$ als auch $67 - 1 = 66$ ist ohne Rest durch 3 teilbar. ■

Die Menge aller Zahlen, für die bezüglich eines festen n die modulo-Beziehung (1.8) gilt, nennt man eine Restklasse. Das wird in der folgenden Definition formalisiert:

Definition 1.8
Ist a eine beliebige ganze Zahl und n fest, so heißt die Menge

$$[a]_n = \{b \in \mathbb{Z}; a \equiv b \ (\text{mod } n)\}.$$

Restklasse von a. Man nennt a dann einen **Repräsentanten** dieser Klasse.

Es gibt für festes n genau n Restklassen, nämlich

$$[0]_n, \ [1]_n, \ [2]_n, \ldots, [n-2]_n, \ [n-1]_n,$$

denn andere Reste kann es bei der Division durch n nicht geben. Die Menge aller dieser Restklassen zu festem n bezeichnet man in der Literatur oft mit $\mathbb{Z}/n\mathbb{Z}$, ich werde in diesem Buch der Einfachheit halber die kompaktere Bezeichnung $\mathbb{Z}_n$ benutzen, wir sind ja unter uns.

Beispiel 1.11
Ich wähle $n = 3$. Dann gibt es also drei Restklassen in $\mathbb{Z}_3$, diese sind:

$$[0]_3 = \{\ldots, -6, -3, 0, 3, 6, 9, \ldots\}$$
$$[1]_3 = \{\ldots, -5, -2, 1, 4, 7, \ldots\}$$
$$[2]_3 = \{\ldots, -4, -1, 2, 5, 8, \ldots\}$$

■

Sie zögern gerade ein wenig wegen der negativen Zahlen in diesen Mengen, stimmt's? (Keine Sorge ich kann nicht Ihre Gedanken lesen, aber ich habe die Erfahrung aus mehr als 30 Jahren Mathematik-Vorlesungen, dass *alle*, die das zum ersten Mal sehen, auch ich als junger Student, an dieser Stelle zögern.) Liegt, um mal willkürlich ein Beispiel herauszugreifen, -5 wirklich in derselben Restklasse wie 1?

Um sich davon zu überzeugen benutzt man am besten die oben genannte alternative Definition der Kongruenz. Danach sind zwei Zahlen kongruent, wenn ihre Differenz ohne Rest durch n teilbar ist. Und das ist hier der Fall, denn $1-(-5)=6$, und 6 ist sicherlich durch 3 teilbar.

In der Restklasse einer Zahl a sind also alle Zahlen versammelt, die beim Teilen durch n denselben Rest lassen. Der nächste Satz sagt, dass man jede andere Zahl dieser Klasse ebenso gut als Repräsentanten nehmen könnte:

Satz 1.5

Ist a eine ganze Zahl und $[a]_n$ zugehörige Restklasse, so gilt:

a) *Ist b ein beliebiges Element von $[a]_n$, so ist*

$$[b]_n = [a]_n.$$

b) *Ist c eine ganze Zahl, die nicht in $[a]_n$ liegt, so gilt*

$$[c]_n \cap [a]_n = \emptyset.$$

In Worten bedeutet Teil a), dass man aus einer gegebenen Restklasse jedes beliebige Element als Repräsentanten herausgreifen kann. Teil b) wiederum besagt, dass zwei verschiedene Restklassen immer disjunkt sind, also keine gemeinsamen Elemente haben.

Wenn man auf der Menge $\mathbb{Z}_n$ der Restklassen geeignete Verknüpfungen definiert, bilden diese einen Ring, und wenn man dann noch ein wenig Glück hat (was das genau heißen soll sehen Sie unten) sogar einen Körper. Diese „geeigneten" Verknüpfungen, nämlich Summe und Produkt, definiere ich jetzt. Da es sich hierbei nicht um die gewöhnliche Addition und Multiplikation von Zahlen handelt, ändere ich auch die Rechenzeichen ein wenig ab, indem ich einen Kreis drum male.

Definition 1.9
Summe und Produkt zweier Restklassen zur selben Basis n sind wie folgt definiert:

$$[a]_n \oplus [b]_n = [a+b]_n$$
$$[a]_n \odot [b]_n = [a \cdot b]_n$$

Alles klar?

Um Himmels willen, bloß nicht! Bei einem Mathematiker müssen Sie immer skeptisch sein, der jubelt ihnen alles Mögliche unter.

Natürlich kann man zunächst einmal definieren was man will, aber man muss dann zeigen, dass es sinnvoll und widerspruchsfrei ist. Und genau das muss ich jetzt für die Definition 1.9 tun. Im Wesentlichen geht es darum zu zeigen, dass das Ergebnis der Rechnung nicht vom speziellen Repräsentanten abhängt.

Beispiel 1.12
Wie wir oben gesehen haben ist $[1]_3$ dasselbe wie $[7]_3$. Addiere ich dies nun – völlig willkürlich gewählt – auf $[1]_3$, so erhalte ich

$$[1]_3 \oplus [1]_3 = [2]_3 \quad \text{bzw.} \quad [1]_3 \oplus [7]_3 = [8]_3.$$

Und jetzt? Nun, alles in Ordnung, denn 2 und 8 lassen bei Division durch 3 denselben Rest, also ist $[2]_3$ identisch mit $[8]_3$, die beiden Additionen liefern also dasselbe Ergebnis. ■

Das muss man jetzt „nur noch" allgemein zeigen. Das ist aber gar nicht so schwer: Ist $\tilde{a}$ eine beliebige Zahl in der Restklasse $[a]_n$, so ist die Differenz $\tilde{a} - a$ ohne Rest durch n teilbar, also ein Vielfaches von n. Es gibt also eine natürliche Zahl k so, dass

$$\tilde{a} = a + kn.$$

Ebenso gibt es für jedes $\tilde{b} \in [b]_n$ eine natürliche Zahl j so, dass

$$\tilde{b} = b + jn.$$

Dann ist aber

$$\tilde{a} + \tilde{b} = (a + kn) + (b + jn) = (a + b) + (k + j)n. \tag{1.9}$$

$\tilde{a} + \tilde{b}$ und $a + b$ unterscheiden sich also nur um ein ganzzahliges Vielfaches von n, und daher ist $[\tilde{a} + \tilde{b}]_n = [a + b]_n$. Somit ist die Addition $\oplus$ gemäß Definition 1.9 unabhängig vom jeweiligen Repräsentanten.

In völlig analoger Weise zeigt man, dass auch die Multiplikation $\odot$ unabhängig vom jeweiligen Repräsentanten ist. Ich vermute mal, Sie sind nicht allzu böse, wenn ich das hier nicht explizit vorführe.

Es gilt nun:

Satz 1.6
$(\mathbb{Z}_n, \oplus)$ ist eine abelsche Gruppe.

Um das zu verifizieren bemerke ich zunächst, dass die Operation $\oplus$ abgeschlossen ist, denn die Summe zweier Restklassen ist gemäß Definition 1.9 wieder eine. Das Assoziativgesetz gilt ebenfalls, weil es nämlich für die zugrundeliegenden Zahlen gilt:

$$[a]_n \oplus ([b]_n \oplus [c]_n) = [a]_n \oplus [b+c]_n = [a+b+c]_n = [a+b]_n \oplus [c]_n = ([a]_n \oplus [b]_n) \oplus [c]_n.$$

Ein neutrales Element gibt es auch, nämlich die Klasse $[0]_n$, da

$$[a]_n \oplus [0]_n = [a + 0]_n = [a]_n$$

für jede Klasse $[a]_n$ gilt.

Zu einer beliebigen Klasse $[a]_n$ invers ist die Klasse $[n - a]_n$, denn

$$[a]_n \oplus [n - a]_n = [a + (n - a)]_n = [n]_n = [0]_n,$$

also gibt es auch immer ein inverses Element.

Und über die Kommutativität müssen wir uns gar nicht erst unterhalten, denke ich. Damit ist die Aussage bewiesen.

Bezüglich der Multiplikation $\odot$ ist $\mathbb{Z}_n$ keine Gruppe, aber immerhin noch eine (abelsche) Halbgruppe, denn Abgeschlossenheit, Assoziativität und Kommutativität sind gegeben. Es gibt sogar immer ein neutrales Element der Operation $\odot$, nämlich die Gruppe $[1]_n$, aber leider gibt es nicht immer zu jedem Element ein inverses.

Beispiel 1.13
Ich behaupte, dass die Klasse $[2]_4$ in $(\mathbb{Z}_4, \odot)$ kein inverses Element besitzt.

Für ein solches, nennen wir es $[i]_4$, müsste gelten: $[i]_4 \odot [2]_4 = [1]_4$. Um zu zeigen, dass es das nicht gibt, probiere ich einfach die vier existierenden Möglichkeiten durch:

$$
\begin{aligned}
[0]_4 \odot [2]_4 &= [0]_4, \\
[1]_4 \odot [2]_4 &= [2]_4, \\
[2]_4 \odot [2]_4 &= [4]_4 = [0]_4, \\
[3]_4 \odot [2]_4 &= [6]_4 = [2]_4.
\end{aligned}
$$

Weit und breit nichts zu sehen vom neutralen Element $[1]_4$. ∎

Aber immerhin haben wir das folgende fundamentale Ergebnis:

Satz 1.7
Die Menge $\mathbb{Z}_n$ mit den Operationen $\oplus$ und $\odot$, also $(\mathbb{Z}_n, \oplus, \odot)$, ist ein Ring. Man bezeichnet ihn als **Restklassenring.**

Haben Sie es gemerkt? Ich habe schon wieder versucht, Ihnen etwas unterzujubeln, denn ich habe die Distributivität noch nicht nachgewiesen. Das ist aber ganz einfach und geht genauso straightforward wie oben der Nachweis der Assoziativität von $\oplus$, weshalb ich wie die allermeisten Autoren hier auch darauf verzichten will. Immerhin war ich so ehrlich, Sie darauf hinzuweisen.

Der nachfolgende Satz 1.8 ist Höhe- und Schlusspunkt dieses Abschnitts. Ich werde keinen Beweis dafür angeben, was Sie sicherlich verstehen und auch begrüßen werden, wenn Sie ihn gelesen haben.

Satz 1.8
Ist p eine Primzahl, so ist $(\mathbb{Z}_p \setminus \{[0]_p\}, \odot)$ eine abelsche Gruppe. Daher ist dann $(\mathbb{Z}_p, \oplus, \odot)$ ein Körper.

Ist also n (hier p genannt) eine Primzahl, so ist der in Satz 1.7 beschriebene Restklassenring sogar ein Körper, den ich hier konsequenterweise als **Restklassenkörper** bezeichne. Sehr häufig findet man in der Literatur aber auch die Bezeichnung **Primkörper,** die ich persönlich für nicht so gelungen halte.

Beispiel 1.14

a) Die 7 ist zweifellos eine Primzahl, nach Satz 1.8 ist also $(\mathbb{Z}_7, \oplus, \odot)$ ein Körper. Um das explizit nachzuweisen muss ich nur noch zeigen, dass es zu jedem Element in $\mathbb{Z}_7 \setminus \{[0]\}$ ein inverses bzgl. $\odot$ gibt.
Das mache ich zu Fuß: $\mathbb{Z}_7 \setminus \{[0]\}$ besteht aus den sechs Elementen $[1]_7, [2]_7, \ldots, [6]_7$. Nun ist aber

$$\begin{aligned}
&[1]_7 \odot [1]_7 = [1]_7\\
&[2]_7 \odot [4]_7 = [8]_7 = [1]_7\\
&[3]_7 \odot [5]_7 = [15]_7 = [1]_7\\
&[4]_7 \odot [2]_7 = [1]_7\\
&[5]_7 \odot [3]_7 = [1]_7\\
&[6]_7 \odot [6]_7 = [36]_7 = [1]_7
\end{aligned}$$

Also existiert zu jedem der sechs genannten Elemente ein inverses Element.

b) Dagegen ist $(\mathbb{Z}_6, \oplus, \odot)$ kein Körper. Um das zu zeigen muss man nur eine Klasse modulo 6 finden, für die es kein Inverses gibt. Als eines von mehreren Beispielen zeige ich Ihnen das für $[3]_6$:

$$\begin{aligned}
&[1]_6 \odot [3]_6 = [3]_6\\
&[2]_6 \odot [3]_6 = [6]_6 = [0]_6\\
&[3]_6 \odot [3]_6 = [9]_6 = [3]_6\\
&[4]_6 \odot [3]_6 = [12]_6 = [0]_6\\
&[5]_6 \odot [3]_6 = [15]_6 = [3]_6
\end{aligned}$$

Hier ergibt sich also nirgendwo das neutrale Element $[1]_6$ als Ergebnis. Daher hat $[3]_6$ kein Inverses. ■

Ob Sie es glauben oder nicht: Diese ganzen ~~Absurditäten~~ Überlegungen kann man praktisch anwenden. Das will ich Ihnen im nächsten Kapitel zeigen, wenn es nun endlich um das RSA-Verfahren geht, eines der wichtigsten Verfahren der Kryptographie, also der Lehre von der Ver- und Entschlüsselung von Informationen.

Das RSA-Verfahren 2

Die Kryptographie, also die Lehre von der Ver- und Entschlüsselung von Informationen, ist heutzutage allgegenwärtig, wenn auch nicht unbedingt immer vom Nutzer bemerkt. Während die Verschlüsselung von Nachrichten früher meist nur im militärischen oder diplomatischen Umfeld wichtig war, ist sie im Zeitalter der weltumspannenden Computernetze, bei der Übermittlung von Nachrichten, bei Banküberweisungen, bei Kreditkartenzahlungen und vielem anderen nicht mehr wegzudenken.

Aber auch wenn Sie mal wieder im Darknet einen Flugzeugträger kaufen wollen – natürlich nur für den persönlichen Gebrauch – ist Ihnen die Verschlüsselung Ihrer Daten sicher wichtig.

Eines der wichtigsten kryptographischen Verfahren der Gegenwart ist das **RSA-Verfahren,** benannt nach seinen Entwicklern Ron **R**ivest, Adi **S**hamir und Len **A**dleman. Dieses werde ich Ihnen im Folgenden schildern. Es beruht ganz wesentlich auf dem (erweiterten) euklidischen Algorithmus, mit dem Sie sich im ersten Kapitel herumgeschlagen haben.

2.1 Durchführung des Verfahrens

Das Grundprinzip ist, wie bei vielen kryptographischen Verfahren, einen öffentlichen und einen privaten Schlüssel zu erzeugen.

Um das zu tun, wählt man zunächst zwei Primzahlen p und q, die in etwa von der gleichen Größenordnung sein sollten, und berechnet deren Produkt, den sogenannten **RSA-Modul:**

$$n = p \cdot q. \tag{2.1}$$

G. Walz, *Das RSA-Verfahren: Verschlüsseln und Entschlüsseln auf Basis der Algebra*, essentials, https://doi.org/10.1007/978-3-662-67363-8_2

Bevor ich jetzt weiter in die Details gehe: Die Sicherheit des RSA-Verfahrens beruht im Grunde darauf, dass man zwar das Produkt n leicht berechnen kann, dass es aber für einen Angreifer praktisch unmöglich ist, lediglich mit Kenntnis von n die beiden Faktoren p und q zu bestimmen.

Möglicherweise stutzen Sie gerade und denken so etwas wie: „Meine Güte, diese Mathematiker, wo ist denn das Problem? Wenn mir beispielsweise jemand die Zahl $n = 35$ nennt, dann setze ich mich kurz hin, probiere ein wenig herum und finde schnell heraus, dass $p = 5$ und $q = 7$ das Problem lösen."

Stimmt. Allerdings arbeitet man in der Praxis nicht mit so kleinen Zahlen wie 5 und 7, sondern mit Primzahlen, deren Dezimaldarstellung mehrere hundert Stellen hat; n ist dementsprechend eine sehr große Zahl, deren Zerlegung heutige Computer, vom Menschen ganz zu schweigen, nicht hinbekommen.

Bereits Euklid, der uns im letzten Kapitel schon begegnet ist, hat bewiesen, dass es unendlich viele Primzahlen gibt. Der Vorrat an großen Primzahlen ist also unerschöpflich.

Nun kommt die **eulersche Phi-Funktion** Φ ins Spiel. Das ist gar nicht so schlimm wie es vielleicht klingt, die Funktion lautet hier einfach:

$$\Phi(pq) = (p-1)(q-1). \tag{2.2}$$

Die hier angebene Definition der eulerschen Phi-Funktion ist nur ein Spezialfall, der im Kontext RSA jedoch ausreichend ist. Hier noch der Vollständigkeit halber die allgemeine

Definition Für jede natürliche Zahl m bezeichnet $\Phi(m)$ die Anzahl der zu m teilerfremden natürlichen Zahlen, die kleiner oder gleich m sind.

Für eine Primzahl p gilt offenbar $\Phi(p) = p - 1$, da jede natürliche Zahl, die kleiner ist als p, zu dieser teilerfremd ist. Und das ist für ein Produkt von zwei Primzahlen p und q nicht anders, daher ist $\Phi(pq) = (p-1)(q-1)$.

Man wählt nun eine natürliche Zahl e mit den Eigenschaften

$$1 < e < \Phi(pq) \tag{2.3}$$

und

$$\text{ggT}(e, \Phi(pq)) = 1.$$

Die Zahl e muss also echt zwischen 1 und $\Phi(pq)$ liegen und zu $\Phi(pq)$ teilerfremd sein. Man nennt sie **Verschlüsselungsexponent.**

Da p und q als große Primzahlen ungerade sind, ist sowohl $(p - 1)$ als auch $(q - 1)$ und damit auch deren Produkt $\Phi(pq) = (p - 1)(q - 1)$ eine gerade Zahl. Wegen der geforderten Teilerfremdheit muss e also ungerade sein.

Das Zahlenpaar (n, e) ist nun der oben angesprochene **öffentliche Schlüssel.** Salopp gesagt darf den jeder kennen, das macht nichts, solange man den (im Folgenden noch zu besprechenden) privaten Schlüssel geheim hält.

Übrigens darf man auch auf keinen Fall den Wert der eulerschen Phi-Funktion bekannt machen, denn damit könnte ein potenzieller Angreifer leicht die beiden Zahlen p und q rekonstruieren, wie folgenden kleine ~~Spielerei~~ Rechnung zeigt:

Es ist

$$\Phi(pq) = (p - 1)(q - 1) = pq - (p + q) + 1 = n - (p + q) + 1,$$

also

$$p + q = n + 1 - \Phi(pq).$$

Da n ohnehin bekannt ist, kann man hieraus mit Kenntnis von $\Phi(pq)$ sofort $(p+q)$ berechnen.

Weiterhin gilt

$$(p - q)^2 = (p + q)^2 - 4pq = (p + q)^2 - 4n,$$

also kann man auch $(p - q)$ berechnen, und schließlich wegen

$$(p + q) + (p - q) = 2p \text{ und } (p + q) - (p - q) = 2q$$

auch p und q selbst. Damit wäre der Code „geknackt".

Auch wenn wir noch nicht bei der eigentlichen Ver- und Entschlüsselung angekommen sind, kann ein erstes Beispiel für die Ermittlung des öffentlichen Schlüssels sicher nicht schaden.

Beispiel 2.1

Ich wähle $p = 3$ und $q = 11$ (was in der Praxis natürlich viel zu klein wäre, aber ich will Sie ja nicht mit dreihundertstelligen Primzahlen traktieren.) Es ist also

$$n = 3 \cdot 11 = 33$$

und

$$\Phi(3 \cdot 11) = (3 - 1)(11 - 1) = 20.$$

Als Verschlüsselungsexponent e brauche ich wegen der Einschränkung (2.3) also eine natürliche Zahl, die kleiner als 20 und zu 20 teilerfemd ist. Ich entscheide mich für

$$e = 7,$$

auch andere Wahlen wären möglich. Der öffentliche Schlüssel in diesem Beispiel ist also $(33, 7)$. ■

Legen Sie das Beispiel nicht allzu weit weg, ich werde wiederholt noch darauf zurückkommen.

Nun bereiten wir die anschließende Entschlüsselung vor. Dazu benötigt man das multiplikative Inverse von e modulo $\Phi(pq)$, das ich hier mit d bezeichnen will. Es muss also gelten:

$$de \equiv 1 \pmod{\Phi(n)} \tag{2.4}$$

Außerdem muss d zwischen 1 und $(p-1)(q-1)$ liegen. d heißt **Entschlüsselungsexponent** und das Paar (n, d) **privater Schlüssel.** Dabei muss d unbedingt geheim gehalten werden, denn mit Kenntnis von d kann man die übertragene Nachricht jederzeit entschlüsseln. Das sehen wir gleich nach ~~der Werbung~~ einer Bemerkung und der Fortführung von Beispiel 2.1.

Wie berechnet man eigentlich die Zahl d anhand der Definition (2.4)? Nun, hier schlägt die große Stunde des erweiterten euklidischen Algorithmus: Gleichung (2.4) besagt nämlich, dass de und 1 sich nur um ein Vielfaches von $\Phi(pq)$ unterscheiden. Das ist aber völlig äquivalent zur Forderung, ganze Zahlen d und y so zu bestimmen, dass

$$de + y\Phi(pq) = 1 \tag{2.5}$$

gilt. Diese Situation ist aber wie gemalt für den erweiterten euklidischen Algorithmus, der genau dieses kann (beachten Sie, dass $\text{ggT}(e, \Phi(pq)) = 1$ ist).

Beispiel 2.2
Ich führe Beispiel 2.1 weiter. Dort hatten wir bereits $n = 33$, $\Phi(33) = 20$ und $e = 7$nd ermittelt. Es gilt nun also, eine Zahl d zu bestimmen, für die

$$7d \equiv 1 \pmod{20}$$

gilt. Gemäß obiger Bemerkung ist das gleichbedeutend dazu, eine Zerlegung der Form

$$7d + 20y = 1.$$

zu bestimmen. Hierfür benutze ich wie angedroht den erweiterten euklidischen Algorithmus, den Sie im letzten Kapitel kennengelernt haben. Wegen der Vorgehensweise und Notation möchte ich Sie auch nochmals darauf verweisen.

Auch wenn wir schon wissen bzw. mit bloßem Auge sehen, dass $\mathrm{ggT}(20, 7) = 1$ ist, führe ich zunächst den einfachen euklidischen Algorithmus durch und erhalte:

$$\begin{aligned} 20 &= 2 \cdot 7 + 6 \\ 7 &= 1 \cdot 6 + 1 \\ 6 &= 6 \cdot 1 + 0 \end{aligned}$$

Es ist also $n = 3$, sowie $q_1 = 2$, $q_2 = 1$ und $q_3 = 6$.

Damit ergeben sich nach der algorithmischen Formulierung des erweiterten euklidischen Algorithmus folgende Rechnungen:

$$\begin{aligned} p_0 &= 1 \\ p_1 &= 0 \\ p_2 &= 1 - 2 \cdot 0 = 1 \\ p_3 &= 0 - 1 \cdot 1 = -1 \end{aligned}$$

sowie

$$\begin{aligned} s_0 &= 0 \\ s_1 &= 1 \\ s_2 &= 0 - 2 \cdot 1 = -2 \\ s_3 &= 1 - 1 \cdot (-2) = 3 \end{aligned}$$

Es ist also $1 = -1 \cdot 20 + 3 \cdot 7$.

Somit ist $d = s_3 = 3$, und der komplette private Schlüssel lautet (33, 3). Die Zahl $y = p_3 = -1$ wird nicht weiter benötigt. ■

Es kann natürlich vorkommen, dass sich als Ergebnis des erweiterten euklidischen Algorithmus für d ein negativer Wert ergibt. Das ist als Entschlüsselungsexponent aber nicht zulässig, denn dieser muss gemäß Vorgabe zwischen 1 und $\Phi(pq)$ liegen. In diesem Fall muss man ein anderes Element der Klasse $[d]_{\Phi(pq)}$ wählen, das die Vorgabe erfüllt.

Anders formuliert: Man bestimmt eine geeignete Zahl k so, dass $\tilde{d} = d + k \cdot \Phi(pq)$ zwischen 1 und $\Phi(pq)$ liegt, und wählt dann $\tilde{d}$ als Entschlüsselungsexponent.

Beispiel 2.3

Wie in Beispielen 2.1 und 2.2 sei $p = 3$ und $q = 11$, als Verschlüsselungsexponent wähle ich $e = 11$.

Das Ergebnis des erweiterten euklidischen Algorithmus' gebe ich direkt an, es lautet:

$$1 = -9 \cdot 11 + 5 \cdot 20.$$

Es wäre also $d = -9$, was aber nicht zulässig ist, da $d > 1$ sein muss. Daher greift nun die obige Bemerkung, und ich addiere zu -9 ein „geeignetes Vielfaches" von 20, um in den Bereich $1 < \tilde{d} < 20$ zu kommen. Natürlich ist das die 20 selbst, und somit ist der Entschlüsselungsexponent $\tilde{d} = -9 + 20 = 11$. ■

Wie oben schon erwähnt muss man zur Ermittlung von d den Algorithmus gar nicht komplett durchführen, denn es wird nur s_n benötigt. Die Berechnung der Folge $\{p_k\}$ ist also nicht nötig. Allerdings bietet die Berechnung der vollständigen Zerlegung eine gewisse Kontrolle auf Korrektheit der Rechnung, denn natürlich kann man sofort sehen, ob mit den ermittelten Zahlen p_n und s_n tatsächlich $p_n \cdot \Phi(pq) + s_n \cdot e = 1$ gilt.

Nun habe ich Sie dermaßen mit Fachterminologie und Einzelheiten zugeschüttet, dass Sie vielleicht sogar wieder vergessen haben, dass noch gar nicht darüber gesprochen wurde, wie die eigentliche Verschlüsselung vor sich geht. Das kommt aber jetzt, und die gute Nachricht ist: Wir haben alle Werkzeuge beisammen.

Na ja, fast jedenfalls: der folgende Satz aus der Zahlentheorie wird noch benötigt:

Satz 2.1
Ist (n, e) ein öffentlicher und (n, d) der zugehörige private Schlüssel im RSA-Verfahren, dann gilt für jede natürliche Zahl m mit $m < n$:

$$(m^e)^d \equiv m \pmod n$$

Einen ausführlichen Beweis will ich uns hier ersparen, allerdings kurz angeben, worauf er beruht, nämlich auf der folgenden wichtigen Aussage, dem **Satz von Fermat/Euler,** der wie folgt lautet:

Satz 2.3
Sind m und n teilerfremde natürliche Zahlen, so gilt

$$m^{\Phi(n)} \equiv 1 \pmod m.$$

Hieraus folgt nämlich unmittelbar:

$$(m^e)^d \equiv m^{e \cdot d} \equiv m^{p \cdot \Phi(n)+1} \equiv (m^{\Phi(n)})^r \cdot m \equiv 1^p \cdot m \equiv m \pmod n \tag{2.6}$$

Jedenfalls, wenn m und n teilerfremd sind, andernfalls muss man ein wenig ausführlicher argumentieren, das will ich uns wie gesagt hier ersparen.

Nun aber endlich zum Verschlüsseln. Ich gehe davon aus, dass die vertrauliche Information in Form einer natürlichen Zahl m vorliegt. Das ist gar nicht so abenteuerlich wie es vielleicht klingen mag. Wenn Sie beispielsweise Kreditkartennummern oder andere Bankdaten übermitteln ist das gegeben.

Aber auch, wenn Sie einen Text übermitteln wollen, ist das kein Problem, denn man kann jeden Text als Zahl codieren. Die einfachste Methode hierfür wäre, jedem Buchstaben seine Stellung im Alphabet als Zahl zuzuordnen und diese Zahlen hintereinander zu schreiben. In der Praxis ist das zu einfach, es gibt raffiniertere Methoden herfür, aber als Gedankenmodell mag es erstmal genügen. In Beispiel 2.6 werde ich dann ein klein wenig praxisrelevanter vorgehen und ein Textfragment mithilfe der ASCII-Codes seiner Buchstaben in eine natürliche Zahl verwandeln.

Außerdem muss die Zahl m noch kleiner als n sein, was bei der gerade beschriebenen Methode schwierig werden könnte, wenn Sie beispielsweise die Bibel verschlüsseln wollen. Aber auch hierfür gibt es Abhilfe, man unterteilt den Text dann einfach in Blöcke und codiert jeden Block separat.

Ver- und Entschlüsselung mit dem RSA-Verfahren

- Aufgabe ist es, eine vertrauliche Information, die in Form einer natürlichen Zahl $m < n$ vorliegt, verschlüsselt zu übertragen.
- Der Sender der Information nimmt die **Verschlüsselung** vor, indem er berechnet:

$$c \equiv m^e \pmod{n}.$$

- Die Zahl c wird an den Empfänger übertragen.
- Der Empfänger, der im Besitz des privaten Schlüssels sein muss, nimmt die **Entschlüsselung** vor, indem er berechnet:

$$m \equiv c^d \pmod{n}.$$

Der Entschlüsselungsschritt beruht dabei ganz wesentlich auf Satz 2.1.

Ganz ehrlich: Wenn Sie das nun beim ersten Lesen auf Anhieb vollständig verstanden haben, melden Sie sich bitte für die nächste Mathematik-Olympiade an. Alle anderen folgen mir in die Beispiele.

Beispiel 2.4

Ich greife die Beispiele 2.1 und 2.2 auf. Dort hatten wir bereits die Werte $n = 33$, $e = 7$ und $d = 3$ ermittelt.

a) Nun soll die Information $m = 5$ übermittelt werden. Im Verschlüsselungsschritt berechne ich also

$$c \equiv 5^7 \pmod{33} \equiv 78.125 \pmod{33} \equiv 14 \pmod{33}.$$

Diese Information wird nun an den Empfänger übermittelt, und mithilfe des privaten Schlüssels (33, 3) berechnet dieser:

$$m \equiv 14^3 \pmod{33} \equiv 2744 \pmod{33} \equiv 5 \pmod{33}.$$

Die Information $m = 5$ wurde also zurückgewonnen.

b) Keine Angst vor großen Zahlen! Jetzt übermitteln wir die Information $m = 13$. Im Verschlüsselungsschritt berechne ich diesmal

$$c \equiv 13^7 \pmod{33} \equiv 62.748.517 \pmod{33} \equiv 7 \pmod{33}.$$

Der Empfänger der Nachricht berechnet diesmal:

$$m \equiv 7^3 \pmod{33} \equiv 343 \pmod{33} \equiv 13 \pmod{33}.$$

Die Information $m = 13$ wurde also also auch hier zurückgewonnen.

■

Beispiel 2.5

Mithilfe des RSA-Verfahrens soll die vertrauliche Information $m = 10$ übermittelt werden. Vorgegeben sind die Primzahlen $p = 11$ und $q = 13$. Um einen öffentlichen Schlüssel zu bestimmen, berechne ich zunächste den RSA-Modul und erhalte $n = 11 \cdot 13 = 143$, die Phi-Funktion hat den Wert $\Phi(11 \cdot 13) = 10 \cdot 12 = 120$. Damit ist jede Zahl e, die zwischen 1 und 120 liegt und zu 120 teilerfremd ist, ein geeigneter Verschlüsselungsexponent. Da

$$120 = 2^3 \cdot 3 \cdot 5$$

ist, trifft dies auf jede ungerade Zahl, die nicht die Teiler 3 oder 5 hat, zu. Beispiele hierfür sind $e = 7, 11, 13, 77$ oder auch 91.

Ich entscheide mich spontan für $e = 11$. Der euklidische Algorithmus, angewendet auf $\Phi(11 \cdot 13) = 120$ und $e = 11$, liefert

$$\begin{aligned} 120 &= 10 \cdot 11 + 10 \\ 11 &= 1 \cdot 10 + 1 \\ 10 &= 10 \cdot 1 + 0. \end{aligned}$$

Es ist also $q_1 = 10$ und $q_2 = 1$.

Damit liefert der erweiterte euklidische Algorithmus:

$$s_0 = 0$$
$$s_1 = 1$$
$$s_2 = 0 - 1 \cdot 10 = -10$$
$$s_3 = 1 - 1 \cdot (-10) = 11$$

Also ist $d = 11$.

Damit ergibt sich

$$c \equiv 10^{11} \pmod{143} \equiv 100.000.000.000 \pmod{143} \equiv 43 \pmod{143}.$$

Will man das nun wieder zurückrechnen, erhält man

$$m \equiv 43^{11} \pmod{143} \equiv 929293739471222707 \pmod{143} \equiv 10 \pmod{143}.$$

Die Information $m = 10$ wurde also korrekt zurückgewonnen. ■

Zum guten Schluss und zur Vertiefung des Ganzen gönnen wir uns noch ein etwas ausführlicheres und zumindest ein klein wenig praxisrelevantes Beispiel:

Beispiel 2.6

Mithilfe des RSA-Verfahrens sollen aus drei Buchstaben bestehende Wörter oder Wortfragmente verschlüsselt werden. Hierzu müssen diese Wörter zunächst in ganze Zahlen m „übersetzt“ werden. Hierfür kann man beispielsweise den einzelnen Buchstaben ihren ASCII-Code zuordnen. Wenn ich mal der Einfachheit halber annehme, dass die Wörter in Großbuchstaben geschrieben werden, benötige ich die Codes der Buchstaben A,B,C,.....,Z. Dies sind gerade die fortlaufenden natürlichen Zahlen von 65 bis 90, es gilt also

$$A \mapsto 65, B \mapsto 66, \ldots, Y \mapsto 89, Z \mapsto 90.$$

Um einem Wort, das aus drei Buchstaben besteht, eine eindeutige Zahl zuzuordnen, schreibt man dann einfach die drei 2-stelligen ASCII-Codes nebeneinander und fasst das als 6-stellige Zahl m auf. Die kleinste Zahl, die dabei entstehen kann, ist $m = 656.565$ (für AAA), die größte ist $m = 909.090$ (für ZZZ).

Bevor wie nun aber anfangen, irgendetwas zu verschlüsseln, müssen wir zunächst ein wenig arbeiten und einen öffentlichen Schlüssel (n, e) sowie einen privaten Schlüssel (n, d) bestimmen.

Da der RSA-Modul n größer als jedes m sein muss, müssen wir zwei Primzahlen p und q finden, deren Produkt größer als 909.090 ist. Es wird empfohlen, dass diese beiden Primzahlen in etwa von der gleichen Größenordnung sein sollten, daher wähle ich $p = 991$ und $q = 929$, deren Produkt

$$n = 991 \cdot 929 = 920.639$$

die geforderte Bedingung erfüllt.

Als Wert der eulerschen Phi-Funktion ergibt sich hier noch

$$\Phi(991 \cdot 929) = 990 \cdot 928 = 918.720.$$

Jetzt muss ich noch einen Verschlüsselungsexponenten finden, also eine Zahl e mit der Eigenschaft $1 < e < 918.720$, die teilerfremd zu letzterer ist. Dafür gibt es sehr viele Möglichkeiten, ich entscheide mich für die Primzahl $e = 8191$. Der öffentliche Schlüssel ist also

$$(920.639, 8191).$$

Wenn Sie nun gerade denken: „Na ja, so viel Arbeit war das nun auch wieder nicht", habe ich keine guten Nachrichten für Sie: Die richtige Arbeit beginnt erst jetzt! Um nämlich den zugehörigen privaten Schlüssel zu finden, also eine Zahl d mit der Eigenschaft $de \equiv 1 \bmod \Phi(n)$), die also eine Darstellung der Form (2.5) erlaubt, müssen wir den erweiterten euklidischen Algorithmus durchführen.

Hierfür wiederum wende ich zunächst den einfachen euklidischen Algorithmus aus Abschn. 1.2 an, und zwar auf die Zahlen $a = d_0 = 918.720$ und $b = d_1 = 8191$. In der Notation

$$d_k = q_{k+1}d_{k+1} + d_{k+2}$$

für $k = 0, 1, 2, \ldots, 6$ ergeben sich der Reihe nach folgende Zerlegungen:

$$\begin{aligned}
918.720 &= 112 \cdot 8191 + 1328 \\
8191 &= 6 \cdot 1328 + 223 \\
1328 &= 5 \cdot 223 + 213 \\
223 &= 1 \cdot 213 + 10 \\
213 &= 21 \cdot 10 + 3 \\
10 &= 3 \cdot 3 + 1 \\
3 &= 3 \cdot 1 + 0
\end{aligned}$$

Hieran sieht man zwei Dinge: Zum Einen haben wir die Bestätigung, dass $\text{ggT}(918.720, 8191) = 1$ ist, die Zahlen also tatsächlich teilerfremd sind. Und zum Anderen können wir hier – als jeweils erste Zahl nach dem Gleichheitszeichen – die für die anschließende Durchführung des erweiterten euklidischen Algorithmus benötigten Werte q_k, $k = 1, 2, \ldots, 7$, ablesen: Es gilt

$$q_1 = 112,\ q_2 = 6,\ q_3 = 5,\ q_4 = 1,\ q_5 = 21,\ q_6 = 3,\ q_7 = 3.$$

Anders formuliert: Ich habe keinen Vorwand mehr, mich vor der nächsten Rechnung zu drücken.

Ich berechne die für die Bestimmung des privaten Schlüssels notwendige Folge $\{s_k\}$. Zunächst ist wie stets $s_0 = 0$ und $s_1 = 1$. Damit ergibt sich

$$s_2 = s_0 - q_1 \cdot s_1 = 0 - 112 \cdot 1 = -112$$

und

$$s_3 = s_1 - q_2 \cdot s_2 = 1 - 6 \cdot (-112) = 673.$$

Die folgenden Rechnungen gebe ich humor- und kommentarlos etwas kompakter an: Es ist

$$\begin{aligned} s_4 &= -112 - 5 \cdot 673 = -3477 \\ s_5 &= 673 - 1 \cdot (-3477) = 4150 \\ s_6 &= -3477 - 21 \cdot 4150 = -90.627 \\ s_7 &= 4150 - 3 \cdot (-90.627) = 276.031 \end{aligned}$$

Also ist hier $d = s_7 = 276.031$.

~~Wenn man nichts Besseres zu tun hat~~ Zur Kontrolle kann man noch die Folge $\{p_k\}$ berechnen und erhält als Endergebnis $p_7 = -2461$. Und tatsächlich ist, wie Ihnen Ihr Taschenrechner hoffentlich bestätigen wird,

$$-2461 \cdot 918.720 + 276.031 \cdot 8191 = 1.$$

Aber wie oben schon gesagt: Zur Durchführung des RSA-Verfahrens ist die Berechnung der Folge $\{p_k\}$ nicht nötig.

Nun aber endlich zur Anwendung dieser ganzen Vorarbeiten, dem Ver- und Entschlüsseln eines dreibuchstabigen Wortes. Als Beispiel habe ich mich für das Wort GAS entschieden. Die ASCII-Codes der drei beteiligten Buchstaben ergeben die 6-stellige Zahl $m = 716.583$. Der Verschlüsselungsschritt liefert nun den Wert

$$c \equiv 716.583^{8191} \pmod{920639} \equiv 561.721.$$

Das ist also die zu übermittelnde Information. Der Empfänger, der im Besitz des privaten Schlüssels ist, entschlüsselt diese nun mithilfe der Rechnung

$$m \equiv 561.721^{276.031} \pmod{920639} \equiv 716.583,$$

erhält also die ursprüngliche Information, den ASCII-Code des Wortes GAS, korrekt zurück; was auch immer er damit anfangen will. ■

Falls Sie übrigens gerade verzweifeln wollen, weil Ihr Taschenrechner modulo-Rechnungen mit so großen Zahlen wie gerade gezeigt nicht hinbekommt: Meiner auch nicht. Ich habe hierfür WolframAlpha benutzt, eines der besten Tools, das ich kenne, und Ihnen würde ich das auch empfehlen.

2.2 Einordnung von RSA: Cäsar und andere Konkurrenten

Eines der ältesten Verschlüsselungsverfahren überhaupt ist die **Cäsar-Chiffre,** auch **Verschiebechiffre** genannt. Sie wurde wohl wirklich von Gaius Julius Cäsar entwickelt und eingesetzt, um militärische Nachrichten zu übermitteln. Für heutige praktische Zwecke ist sie viel zu unsicher – dazu gleich mehr –, dient aber dazu, das Grundprinzip der sogenannten symmetrischen Verschlüsselung zu erläutern.

Die Verschlüsselung geschieht dadurch, dass man jeden Buchstaben des Klartextes um eine bestimmte feste Anzahl s von Stellen im Alphabet zyklisch nach rechts verschiebt. „Zyklisch" bedeutet hierbei, dass man bei Verschiebung über den letzten Buchstaben hinaus wieder beim ersten Buchstaben A beginnt.

Beispiel 2.7
Der Einfachheit halber lege ich unser gewohntes Alphabet mit 26 Buchstaben zugrunde, ohne Umlaute und ohne Unterscheidung zwischen Groß- und Kleinbuchstaben. Wählt man bspw. die Verschiebelänge $s = 3$ – das hat Cäsar selbst auch getan, und was der konnte können wir schon lange – so ergibt sich die Verschlüsselung

$$A \mapsto D, B \mapsto E, \ldots\ldots, W \mapsto Z, X \mapsto A, Y \mapsto B, Z \mapsto C.$$

Aus dem Klartext MATHEMATIK wird dann PDWKHPDWLN. ■

Die Entschlüsselung geschieht dann durch Verschiebung aller Buchstaben des Chiffrats um s Stellen nach links. Da es sich hier im Prinzip um dieselbe Operation handelt, bezeichnet man derartige Verfahren als **symmetrische Verschlüsselungsverfahren.** Sender und Empfänger benutzen hierbei denselben geheimen Schlüssel, hier die Zahl s, den Sie vor Beginn des Nachrichtenaustauschs teilen müssen.

Es ist ganz offensichtlich, dass diese Verschlüsselungsmethode nicht sehr sicher ist, denn ein Angreifer muss ja nur die 25 verschiedenen Verschiebemöglichkeiten durchprobieren – bei längeren Texten genügt hierfür auch nur ein kleines Textfragment – und findet so die Verschiebelänge s und damit den Klartext.

Ein wenig raffinierter ist es, auf die feste Reihenfolge der Buchstaben nach Verschlüsselung zu verzichten, also jedem Buchstaben einen beliebigen Buchstaben als Chiffrat zuzuordnen. Mit Absicht habe ich hier das vielleicht erwartete „anderen" wegelassen, denn bei dieser Methode ist es im Gegensatz zur Cäsar-Chiffre auch möglich, einen Buchstaben bei der Verschlüsselung auf sich selbst abzubilden. Man hat also in dem oben erwähnten einfachen Alphabet 26 Möglichkeiten, den Buchstaben A zu verschlüsseln. Für das B bleiben dann noch 25 Möglichkeiten, für das C 24, und so weiter, insgesamt also $26 \cdot 25 \cdot 24 \cdots 2 \cdot 1 = 26!$ Möglichkeiten. Das ist eine 26-stellige ganze Zahl, alle diese Möglichkeiten durchzuprobieren ist also auch für moderne Computer nicht in realistischer Zeit machbar.

Dennoch ist auch diese scheinbar raffinierte Methode nicht sicher, und das aus gleich zwei Gründen (vgl. Schüller et al. (2000)):

Zum Einen müssen wie bei jeder symmetrischen Verschlüsselungsmethode Sender und Empfänger zu Beginn den geheimen Schlüssel, hier die Zuordnungstabelle, austauschen. Das birgt natürlich die große Gefahr, dass ein geheimer Lauscher hierbei den Schlüssel abfängt und später alle verschlüsselten Nachrichten ganz bequem entschlüsseln kann. Diese Gefahr ist umso größer, wenn der Nachrichtenaustausch zwischen einer größeren Gruppe von Sendern und Empfängern geschehen soll.

Außerdem ist die Methode **monoalphabetisch,** das bedeutet, dass Klartext und verschlüsselter Text dasselbe Alphabet benutzen. Und das wiederum bedeutet, dass man eine **Häufigkeitsanalyse** durchführen kann. Weiß man beispielsweise, dass es sich um einen deutschen Text handelt, so weiß man auch, dass der Buchstabe E (bzw. sein Chiffrat) etwa 17 % des Textes ausmacht, das N etwa 10 %, sowie I, R und S jeweils etwa 7 %. Notfalls mit ein wenig Herumprobieren kann man also bei längeren Texten diese Buchstaben identifizieren und so den ganzen Text entschlüsseln.

Trotz dieser Unsicherheiten wurden und werden symmmetrische Verschlüsselungsverfahren bis in die heutige Zeit eingesetzt, natürlich in sehr viel raffinierterer Form als die gerade geschilderten Methoden. Eines der bekanntesten und historisch aufregendsten war sicherlich die „Enigma", eine hochkomplizierte Verschlüsselungsmaschine, die im Zweiten Weltkrieg von der deutschen Wehrmacht eingesetzt wurde, um bspw. Funksprüche zwischen dem Oberkommando und den U-Booten im Einsatz auszutauschen. Die Enigma galt lange Zeit als unbezwingbar, wurde aber dennoch schließlich von einer multinationalen Codeknacker-Gruppe unter Leitung des genialen Alan Turing gebrochen. Daraufhin konnten die Alliierten die deutschen Funksprüche quasi im Klartext mitlesen, was sicherlich mit kriegsentscheidend war. Nicht umsonst beginnt der wunderbare Film „A Beautiful Mind" mit einer Szene, in der der Dekan der mathematischen Fakultät von Princeton sagt: „Mathematiker haben den Krieg gewonnen!". Und man muss sagen: Der Mann hat recht.

Weitere bekannte symmetrische Verfahren, die teilweise bis in die heutige Zeit eingesetzt werden, sind der **Data Encryption Standard (DES)** sowie seine Weiterentwicklungen **Triple-DES** und **Advanced Encryption Standard (AES).**

Ich will es hier aber bei dieser stichwortartigen Auflistung belassen und auf diese Verfahren nicht weiter eingehen, denn jetzt kommt die gute Nachricht: Das in diesem Büchlein behandelte RSA-Verfahren ist *kein* symmetrisches, sondern ein sogenanntes **asymmetrisches Verfahren.** Das bedeutet, dass – im Gegensatz zur symmetrischen Verschlüsselung – die Nutzer keinen gemeinsamen Schlüssel haben, sondern dass neben dem öffentlichen Schlüssel jeder Nutzer seinen eigenen privaten Schlüssel hat, den er mit niemandem zu teilen braucht. Gerade bei einer größeren Gruppe von Nutzern bietet das unschätzbare Vorteile, denn der Verlust eines privaten Schlüssels gefährdet die anderen Nutzer nicht. RSA hat, als eines der ersten asymmetrischen Verfahren, seit seiner Entwicklung in den 1970er Jahren die Kryptographie revolutioniert.

2.3 Risiken und Ausblick

Aber kaum hat man's gepriesen, kommen auch schon Nachteile: Zum Einen ist das RSA-Verfahren aufgrund der hochkomplexen Berechnungen, die es benötigt, sehr viel langsamer als symmetrische Verfahren, was beispielsweise beim Autausch von verschlüsselten Emails sehr hinderlich sein kann. Weiterhin ist RSA in seiner „reinen Form", wie ich sie bisher geschildert habe, nicht ganz abhörsicher. Manche Leute sprechen daher auch vom „Textbook-RSA", was dem Verfahren sicherlich nicht gerecht wird. Dennoch muss man festhalten, dass erfolgreiche Angriffe möglich sind. Beispielsweise kann ein Angreifer einen Klartext raten, ihn mit dem öffentlichen Schlüssel verschlüsseln und das Ergebnis mit dem zu knackenden Code vergleichen. Bei kurzen Nachrichten wie Kontonummern kann das in relativ kurzer Zeit zum Ziel führen.

Eine Lösung kann sein, das RSA-Verfahren mit einem symmetrischen Verfahren zu kombinieren, indem man zu Beginn des Nachrichtenaustauschs einen Schlüssel für das symmetrische Verfahren generiert und diesen dann mittels RSA verschlüsselt und dem Empfänger übermittelt. Man spricht dann von **hybriden Verfahren.**

Aber all das nützt wenig, wenn die Computer in der Zukunft signifikant leistungsfähiger werden, denn wie zu Beginn schon betont beruht die Sicherheit des RSA-Verfahrens letztlich allein auf der Tatsache, dass man zur Konstruktion des RSA-Moduls n zwei sehr große Primzahlen p und q verwendet, so dass die Primfaktorzerlegung von n für einen Angreifer zum heutigen Stand der Technik praktisch unmöglich ist. Bei der von 1991 bis 2007 durchgeführten RSA-Challenge wurden Preisgelder für die Primfaktorzerlegung ausgewählter Zahlen ausgelobt, die größte dabei „geknackte" Zahl hatte 193 Stellen, das ist immer noch viel kleiner als in der Praxis verwendete RSA-Moduln.

Das Problem, also das Risiko dabei ist aber offensichtlich: Was heißt schon „heutig"? Das heute, zu dem Sie diesen Text lesen, ist ein anderes als das, zu dem ich ihn schreibe, vielleicht hat sich die Technik in der Zwischenzeit schon bedeutend weiterentwickelt, und Ihr Computer lächelt nur milde über das Problem, milliardenstellige Zahlen in Primfaktoren zu zerlegen.

Aber auch wenn (noch) nicht, die Rechenleistung von Computern wird ständig verbessert, und insbesondere mit dem Aufkommen von **Quantencomputern** wird es bald vorbei sein mit der Sicherheit von RSA. Die Arbeitsweise von Quantencomputern zu schildern würde ein eigenes Büchlein füllen, das kann und will ich hier nicht leisten. Stichwortartig sei nur festgehalten, dass Quantencomputer gerade dann sehr stark sind, wenn Rechenvorgänge parallelisiert durchgeführt werden können, und das ist bei der RSA zugrunde liegenden Primfaktorzerlegung eben der Fall. Liegt eine vielstellige natürliche Zahl vor, deren Primfaktorzerlegung man finden will, so würde ein klassischer Computer – wie der Mensch auch – im Prinzip der Reihe nach alle möglichen Kombinationen von Primzahlen testen, bis er die passende gefunden hat, was im allgemeinen viele Jahre dauern und somit keine echte Bedrohung für den verschlüsselten Text darstellen wird.

Ein Quantencomputer der Zukunft könnte diese Berechnungen stark parallelisiert durchführen und dadurch die benötigte Rechenzeit in den Sekundenbereich drücken. Wie gesagt, das ist noch etwas Zukunftsmusik, aber laut seriösen Forscherinnen und Forschern in ein paar Jahren denkbar (vgl. Uebber (2022)).

Eine Modifikation des RSA-Verfahrens, die dieses Problem verhindern könnte ist bisher nicht bekannt, man wird sich also gänzlich neue Dinge überlegen müssen.

Was Sie aus diesem *essential* mitnehmen können

- In der Algebra befasst man sich u.a. mit Gruppen, Ringen, Körpern und Schiefkörpern
- Der euklidische Algorithmus ist zwar mehr als 2000 Jahre alt, aber dennoch in der modernen Kryprographie unverzichtbar
- Der RSA-Algorithmus ist eine sichere und leicht verständliche asymmetrische Verschlüsselungsmethode

G. Walz, *Das RSA-Verfahren: Verschlüsseln und Entschlüsseln auf Basis der Algebra*, essentials, https://doi.org/10.1007/978-3-662-67363-8

Literatur

Jeweils in der neuesten Auage:

Berendt, G.: Mathematische Grundlagen für Informatiker. BI-Wissenschaftsverlag, Mannheim/Wien/Zürich (1994)

Beutelspacher, A.: Kryptologie. SpringerSpektrum, Heidelberg (2014)

Schneier, B.: Angewandte Kryptographie. Addison Wesley, Bonn (2000)

Schüller, A., et al: RSA – Primzahlen zur Verschlüsselung von Nachrichten, Fraunhofer Institut SCAI 2000

Uebber, B.: Schrödingers Kryptowährung - Analyse und Bewertung des potenziellen Einflusses von Quantencomputern auf Kryptowährungen und Ableitung von Handlungsempfehlungen, Master Thesis, Wilhelm Büchner Hochschule, Darmstadt 2022

Willems, W.: Codierungstheorie und Kryptographie. Birkhäuser, Basel (2008)

Witt, K.: Algebraische und zahlentheoretische Grundlagen für die Informatik. Springer-Vieweg, Wiesbaden (2007)

G. Walz, *Das RSA-Verfahren: Verschlüsseln und Entschlüsseln auf Basis der Algebra*, essentials, https://doi.org/10.1007/978-3-662-67363-8

Stichwortverzeichnis

G. Walz, *Das RSA-Verfahren: Verschlüsseln und Entschlüsseln auf Basis der Algebra*, essentials, https://doi.org/10.1007/978-3-662-67363-8

CPSIA information can be obtained
at www.ICGtesting.com
Printed in the USA
LVHW050045030723
751382LV00003B/460